RECHERCHES

SUR LA

DESTRUCTION DU SUCRE NORMAL

DANS

L'ÉCONOMIE ANIMALE.

RECHERCHES

SUR LA

DESTRUCTION DU SUCRE NORMAL

DANS

L'ÉCONOMIE ANIMALE.

Présentées et lues à la Société de Biologie
de Paris, le 26 août 1854,

PAR

FREDERICK WILLIAM PAVY, D.-M.-L.,

Prosecteur à l'école médicale de Guy's hospital de Londres, Membre correspondant
de la Société anatomique de Paris, Membre et ex-vice-président de la Société
médicale anglaise de Paris, Membre de la Société médicale de Londres.

PARIS,

IMPRIMERIE DE L. MARTINET,

RUE MIGNON, 2.

1854.

RECHERCHES

SUR LA

DESTRUCTION DU SUCRE NORMAL

DANS L'ÉCONOMIE ANIMALE.

Les belles et rigoureuses expériences de M. Cl. Bernard ont démontré d'une manière irréfutable que, dans les animaux à l'état de santé, les veines sus-hépatiques versent constamment une matière sucrée dans la circulation générale , et qu'il est facile d'en constater la présence jusque dans le cœur droit. Mais à partir de ce point, on voit peu à peu le sucre diminuer pendant sa circulation à travers les capillaires des poumons et même disparaître presque complétement. Les nombreuses expériences que j'ai entreprises sont venues me démontrer ce fait déjà annoncé, je pense, par M. Bernard, que si le sang du cœur droit donne , après la séparation des substances albuminoïdes par le sulfate de soude et l'ébullition une réduction très évidente avec le liquide bleu de Barreswil, le sang de l'artère carotide, traité de la même manière, ne donne avec le même liquide qu'une teinte jaune-verdâtre plus ou moins intense, suivant l'époque de la digestion à laquelle on le recueille. Cette coloration est d'autant plus faible que l'animal est resté plus longtemps à jeun.

Il m'est arrivé cependant de constater une fois, pendant mes recherches, l'absence absolue du sucre dans le sang de la carotide d'un animal bien portant.

En examinant le sang qui a traversé les capillaires généraux, on trouve ordinairement qu'il renferme moins de sucre que celui de la carotide lui-même. Dans ce cas le liquide de Barreswil prend un léger reflet dû à la petite quantité de protoxyde de cuivre produit et qui reste en suspension dans le liquide bleu.

L'expérience suivante, extraite de mon cahier d'observations, démontre les faits qui précèdent :

Sur une chienne de moyenne taille et ayant mangé des tripes à onze heures et demie, on tira à une heure et demie, et en même temps de la veine jugulaire et de l'artère carotide, une petite quantité de sang. L'animal fut aussitôt sacrifié par la section du bulbe et l'on prit du sang dans le ventricule droit. Ces trois variétés de sang furent abandonnées à la coagulation spontanée jusqu'à quatre heures et demie. On traita alors chaque sérum par le sulfate de soude, et l'ébullition et les liquides limpides obtenus furent traités par la liqueur de Barreswil à la manière ordinaire.

Le liquide provenant du sang du ventricule droit fournit à l'ébullition un précipité très abondant et rouge de protoxyde de cuivre.

Avec celui de l'artère carotide, le liquide devint opaque et jaune verdâtre.

Enfin, celui de la veine jugulaire fournit un liquide demi-opaque et bleu avec un léger reflet jaunâtre.

Non-seulement il existe une différence sous le rapport de la quantité de sucre entre le sang qui se rend vers les capillaires généraux et celui qui en revient, mais encore on rencontre des différences notables entre le sang des différentes parties du système veineux. Toutefois en laissant en dehors les veines sus-hépatiques qui jouent un rôle spécial dans le transport du sucre, je citerai comme exemple la veine-porte qui, pendant la pleine digestion, ainsi que l'a vu M. Bernard, renferme une très petite quantité de sucre ; tandis que dans toute autre circonstance elle n'en fournit pas de trace ; et la veine jugulaire qui, au contraire, m'en a toujours donné ; soit que l'animal fût en digestion, soit qu'il fût à jeun. Dans le premier cas, le sang de la jugulaire est plus riche en sucre que celui de la veine porte, ainsi que le démontre l'expérience qui suit :

Chez un chien ayant mangé des tripes à onze heures, on tira à quatre heures et quart une petite quantité de sang de la jugulaire. Puis immédiatement on le sacrifia par la section du bulbe et on lia la veine porte au-dessous du foie aussi rapidement que possible et l'on recueillit le sang qu'elle contenait. Les chylifères étaient gonflés de chyle parfaitement blanc. Les deux quantités de sang précédent, traitées séparément par le sulfate de soude à l'ébullition, donnèrent deux liquides limpides qui furent essayés par le liquide bleu, en ayant soin d'en prendre des quantités égales. Celui de la veine porte ne donna qu'une réaction très faible, tandis qu'avec celui de la veine jugulaire, elle était très évidente.

Bien que j'aie observé ces phénomènes un certain nombre de fois, peut-être faudrait-il, pour les ériger en loi, des observations plus nombreuses encore ; cependant, tels qu'ils sont, ils m'ont paru dignes de l'attention de la Société.

Partant de ce fait que le sang qui arrive aux poumons renferme une grande quantité de sucre, tandis qu'il en contient très peu lorsqu'il revient au cœur et qu'un trouble subit de la respiration en produit l'accumulation dans le sang artériel, on a admis que ce sucre se détruisait sous l'influence directe de l'oxygène de l'air, formant peut-être, ainsi que l'admet Liebig, de l'eau et de l'acide carbonique.

Pensant que si la destruction du sucre était due à l'action chimique directe de l'oxygène absorbé pendant la respiration, il me serait possible de reproduire ces phénomènes en dehors de l'animal vivant, je fis, à cet effet, les expériences suivantes, qui m'ont donné des idées nouvelles sur ce sujet.

I. Le 4 février 1854, on sacrifia une petite chienne par la section du bulbe rachidien. On ouvrit la poitrine, et on enleva avec soin tout le sang du cœur et des gros vaisseaux. On fixa une canule à la division droite de l'artère pulmonaire, puis on attacha la bronche droite sur un tube à robinet communiquant avec une grande vessie remplie d'air, avec laquelle on gonfla le poumon. L'aorte fut liée à son origine, et l'on introduisit un tube dans l'appendice de l'oreillette gauche., pour recueillir le sang à sa sortie du poumon.

On sacrifia alors un second chien. On ouvrit rapidement la poitrine, et à l'aide d'une seringue on aspira immédiatement tout le sang qui affluait dans l'oreillette droite, puis on le poussa peu à peu dans l'artère pulmonaire droite de la chienne précédente. Il s'écoula facilement par le tube fixé à l'appendice de l'oreillette gauche. Il était alors fluide et parfaitement rutilant, mais ne tarda pas à se coaguler. On continua l'injection jusqu'à ce que le sang se coagulât dans la seringue.

Avant son passage dans le poumon, le sang donnait, avec le liquide bleu, une réduction très abondante, tandis qu'après elle était à peine sensible.

Dans cette expérience, la transformation du sucre avait donc eu lieu à peu près comme dans l'animal vivant; mais aussi il est à remarquer que le sang employé n'avait subi aucune modification, et était, pour ainsi dire, encore sous l'influence de la vie.

II. Le 24 juin 1854, les poumons d'un gros lapin qui venait d'être tué furent préparés comme dans la dernière expérience, afin d'être gonflés avec de l'oxygène et faire passer du sang à travers les capillaires. Ensuite on tua un petit chien, on lui ouvrit la poitrine et l'on recueillit le sang du cœur droit à l'aide d'une incision faite dans le ventricule; puis on injecta immédiatement une partie de ce sang à travers les poumons gonflés d'oxygène dont je viens de parler. On trouva que le sang qui sortait des veines pulmonaires était fluide, parfaitement rutilant ; et il ne tarda pas, comme dans l'autre expérience, à se coaguler.

On prit l'autre partie du sang recueilli du ventricule droit du chien ; on le plaça dans un vase baignant dans de l'eau chaude pour que la température fût conservée semblable à celle de l'animal vivant. On agita le sang à l'aide d'un bâton de verre pour séparer la fibrine du sérum et des corpuscules rouges. Le poumon droit du chien dont on avait tiré le sang, fut préparé de la même manière que ceux du lapin. On le gonfla aussi d'oxygène, et ensuite on injecta le sang défibriné à travers les capillaires. Ce sang, dont la température avait été maintenue jusqu'au moment de l'injection, sortit des veines pulmonaires avec une couleur d'un rouge très vif.

Les trois variétés de sang furent analysées avec soin, et fournirent les résultats suivants.

Celui qui fut tiré du ventricule droit et qui devait servir aux injections, fut traité par le sulfate de soude à l'ébullition, puis par le liquide bleu de Barreswil. Il donna un précipité très abondant d'oxyde jaune de cuivre.

Celui qui avait été injecté avant la coagulation de la fibrine, à travers les capillaires pulmonaires, et traité de la même manière, produisit une très faible réaction, réaction tout à fait semblable à celle qu'on remarque ordinairement dans le sang artériel de l'animal vivant ; tandis que celui qui fut injecté après la séparation de la fibrine *donna la même réaction que celle du ventricule droit*, c'est-à-dire que dans ce cas le sang qui avait été injecté donna la même réaction que celui qui n'avait pas traversé les poumons.

Par ces expériences, on voit que si le sang du ventricule droit, qui contient du sucre, passe à travers les capillaires de poumons morts, gonflés d'air ou d'oxygène, immédiatement après qu'il a été tiré de l'animal et avant que la coagulation ait eu lieu, le sucre se réduit aux mêmes proportions que s'il avait traversé les capillaires pulmonaires de l'animal vivant. Au contraire, si la fibrine du sang est séparée, et le sérum et les corpuscules seuls sont injectés à travers les poumons morts gonflés comme ci-dessus, dans ce cas, il n'y a pas la moindre destruction du sucre. Ainsi on voit que c'est seulement dans son contact avec le sang vivant, et possédant encore sa fibrine, que l'oxygène a le pouvoir de produire la métamorphose ou la destruction du sucre ; car, dès que le dernier acte de vitalité s'est accompli, et que la fibrine s'est séparée par la coagulation spontanée, le sucre cesse d'être soumis à l'influence de l'oxygène jusqu'à ce que, comme je vais le démontrer tout à l'heure, le commencement de la décomposition du sang ait lieu.

J'ai choisi les deux expériences qui précèdent, parce que les résultats frappent par leur évidence ; mais, de plus, il résulte d'un nombre assez considérable d'expériences du même genre que plus le sang se rapproche des conditions de vitalité normale au moment de son contact avec l'oxygène, plus la destruction du sucre est complète, et que quand, au contraire, le sang commence à perdre sa vitalité, et que la coagulation spontanée a eu lieu, la présence de l'oxygène cesse de produire son influence de destruction sur le sucre que contient le sang.

Si la métamorphose ou la destruction du sucre était due seulement à l'action chimique directe de l'oxygène, je ne vois pas pourquoi, dans la dernière expérience, cette destruction n'aurait pas lieu dans le sang défibriné comme dans le sang *normal*, d'autant plus que la température fut maintenue la même dans les deux cas. En raison de ces faits, j'ai donc été conduit à considérer l'action de l'oxygène comme indirecte, et à regarder la disparition du sucre comme le résultat d'un procédé de fermentation produit par des changements moléculaires ayant lieu dans le sang vivant du ventricule droit soumis à l'influence de l'oxygène, et qui disparaissent quand on *enlève la fibrine*.

Si l'on examine les rapports de la matière sucrée hors de l'économie animale, on trouve qu'elle ne peut être oxydée que sous l'influence de réactifs chimiques énergiques. Il est donc rationnel de considérer comme improbable qu'elle puisse être oxydée dans l'économie animale, à moins qu'on ne puisse apporter des faits à l'appui.

Mais si l'on met de la matière sucrée en contact avec une substance nitrogénée, comme, par exemple, de la caséine, dans un état de transformation, elle devient excessivement apte à se métamorphoser et à se convertir en acide lactique : en effet, un atome de glucose, $C^{12}H^{12}O^{12}$, produit deux atomes d'acide lactique $2 (C^6H^5O^6)$.

Chacun sait que l'économie animale est le siège d'une foule de transformations moléculaires analogues. Aussi me semble-t-il rationnel d'admettre, par suite des expériences physiologiques que je viens de décrire, que la destruction du sucre dans les poumons est une fermentation produite par les changements moléculaires des autres principes du sang sous l'influence de l'oxygène. On trouve que la matière sucrée du sang du ventricule droit disparaît, en grande partie, pendant l'acte de l'artérialisation, et l'on trouve aussi que l'acide lactique (dans lequel je crois qu'elle est changée) est séparé du sang artérialisé et contenu comme un principe abondant, non-seulement dans le suc gastrique, mais aussi dans le suc qui humecte le tissu musculaire.

Si maintenant on examine les phénomènes qui ont lieu dans le sang contenant du sucre, séparé du corps animal, on observe des faits très intéressants, lesquels aussi appuient l'opinion que je viens d'émettre.

Le sang que l'on tire du ventricule droit de l'animal sain étant mis dans un vase ouvert, on observe que bientôt il commence à subir une décomposition, et que le sucre disparaît d'autant plus rapidement qu'elle est plus prompte. Pendant le temps chaud d'été j'ai trouvé que deux, trois ou quatre jours suffisent pour la disparition totale du sucre ; ce phénomène ne dépend pas de la surface soumise à l'influence de l'air ; car la matière sucrée du sang placée dans un tube ouvert et présentant ainsi une petite surface au contact de l'atmosphère, disparaît aussi rapidement que quand on le place dans des conditions inverses.

Mais si, au contraire, on remplit un bocal avec le même sang, et si on le ferme exactement, pour que l'air ne puisse entrer, pendant plusieurs jours, on n'observe aucun signe de décomposition ni de disparition de sucre.

L'observation suivante est positive, et suffira pour démontrer les faits dont je viens de parler. Je ferai remarquer que j'ai souvent répété ces expériences, et toujours
avec le même résultat.

21 juin 1854. Du ventricule droit d'un chien qui fut
sacrifié pour servir à une autre expérience, on recueillit
du sang à l'aide d'une incision. On en plaça une portion
dans un vase ouvert, et une autre dans un vase rempli
et bien fermé. En l'examinant aussitôt il donna la réaction ordinaire du sang du cœur droit.

22 juin. Le sang, dans le vase ouvert, donne la même
réaction qu'hier.

23 juin. Le même sang qui entre en décomposition
donne à peine une réaction au liquide bleu.

23 juin. Le bouchon étant tiré de l'autre vase, et le
sang qu'il renfermait ne présentant aucune odeur désa-
gréable, donna la réaction ordinaire du sang du cœur
droit.

24 juin. Le sang, qui avait été jusqu'à hier conservé
dans le vase fermé, présenta une légère odeur, due à la
décomposition, et ne donna plus qu'une réaction sucrée
excessivement faible.

A l'époque où l'on faisait cette expérience, il est digne
de remarque que le temps était excessivement chaud, et
que le sang se décomposait avec une grande rapidité.

J'ai déjà démontré que l'oxygène n'a pas d'influence
sur le sucre contenu dans le sang après que la mort ou
la coagulation a eu lieu. Mais si l'on conserve ce sang
jusqu'à ce que la décomposition soit commencée, ayant
soin qu'elle n'arrive pas jusqu'à la destruction de tout

le sucre, et si l'on fait passer un courant d'oxygène pendant quinze ou vingt minutes, le sucre qu'il renferme disparaît complétement.

Pendant mes recherches, j'ai été frappé de voir que du sang qui renferme beaucoup de sucre donne une réaction acide après que la décomposition a eu lieu; tandis que celui qui n'en renferme que très peu, comme dans la veine jugulaire, ne donne pas cette réaction, lorsqu'on le place dans les mêmes circonstances. Je viens d'apprendre que M. Bernard a depuis longtemps remarqué le même fait; aussi mon observation ne vaut que pour corroborer celle de M. Bernard. N'est-il pas possible d'admettre que la réaction acide soit due au changement du sucre en acide lactique? Assurément elle n'est pas due à l'acide carbonique, car elle persiste après que le sang a subi la température de l'ébullition.

Il me reste à parler d'un autre phénomène très intéressant : l'*influence de la coagulation de la fibrine*, qui paraît produire la destruction du sucre. Si, par exemple, on recueille du sang du cœur droit d'un animal sain, et si on le met dans un vase jusqu'au lendemain pour que la coagulation ait lieu, on voit alors, en l'examinant, que ce dernier donne, avec le liquide bleu de Barreswil, une réaction très abondante, tandis que le caillot ne donne presque pas de trace de réduction.

L'observation suivante démontre ce fait : On recueillit du sang du ventricule droit d'un petit chien qui fut sacrifié pour servir à d'autres expériences. On le mit dans un flacon bouché jusqu'au jour suivant, pour que la coagulation eût lieu.

On traita une très petite quantité du sérum par le sulfate de soude et l'ébullition , et puis par la liqueur de
Barreswil, et l'on observa une réduction très abondante
du sel de cuivre.

Alors on recueillit tout le caillot, qui s'était séparé
d'environ 80 grammes de sang. On essuya sa surface
avec du papier buvard , et on l'écrasa dans un mortier
avec le sulfate de soude ; puis on le soumit à l'ébullition
et on le traita par le liquide bleu de Barreswil, qui donna
à peine une trace de réaction.

Il me paraît résulter de cette observation, puisque le
caillot est nécessairement infiltré par le même sérum qui
l'entourait, que les changements moléculaires qui ont
lieu pendant la coagulation spontanée de la fibrine
suffisent pour produire la métamorphose ou la destruction du sucre. Mais quelle que soit l'explication de ce fait,
que je pense avoir observé le premier, l'intérêt qu'il
offre reste toujours le même.